ZUR KENNTNIS DER LIPASE VON ASPERGILLUS NIGER
(VAN TIEGH.)

INAUGURAL-DISSERTATION

ZUR

ERLANGUNG DER DOKTORWÜRDE

DER

HOHEN PHILOSOPHISCHEN FAKULTÄT

DER

UNIVERSITÄT BASEL

VORGELEGT

VON

ROBERT SCHENKER
AUS OLTEN (SOLOTHURN)

Springer-Verlag Berlin Heidelberg GmbH
1921

ISBN 978-3-662-22714-5   ISBN 978-3-662-24643-6 (eBook)
DOI 10.1007/978-3-662-24643-6

Genehmigt von der Mathematisch-naturwissenschaftlichen Abteilung der Philosophischen Fakultät auf Antrag der Herren Professoren Dr. G. Senn und Dr. H. Rupe.
Basel, den 13. Dezember 1920.

Prof. Dr. W. Matthies
Dekan

Sonderabzug aus der Biochemischen Zeitschrift Bd. 120, 1921

Einleitung.

Bei der Vergärung der Fette spielen bekanntlich die Schimmelpilze im Verein mit den Bakterien eine wichtige Rolle. Durch ihre Vermittlung werden die Fette gespalten und so der weiteren Zersetzung zugänglich gemacht.

Die Arbeiten von Rubner (1900) und Schreiber (1905) zeigen, daß im Boden Fett gespalten und aufgezehrt wird, während steriles Fett in sterilisiertem Boden nur eine minimale Spaltung erleidet. In einer Nährlösung, die 1% Fleischextrakt, 1% Pepton, Butterfett und außerdem $CaCO_3$ enthält, werden nach Beimpfung mit Boden 86,9% Fettsäuren aus dem ursprünglich darin vorhandenen Fett abgespalten. Dabei konnten Pilze und Bakterien isoliert werden, die besonders emulgiertes Fett gut verarbeiteten. Damit ist die Fettzersetzung im Boden als mikrobiologischer Prozeß erwiesen.

Daß auch am Zersetzungsprozesse feuchter, fetthaltiger Nahrungs- und Futtermittel die Schimmelpilze regen Anteil nehmen, zeigen die Arbeiten von Ritthausen und Baumann (1896), Haselhoff und Mach (1906), Biffen (1899), Roussy (1909), König, Spieckermann und Bremer (1901) usw. Für die Zersetzung des Butterfettes und des Käsefettes weisen die Arbeiten von Hanus und Stocky (1900), Laxa (1902) und Rahn (1906) die Wichtigkeit der Schimmelpilze und Bakterien nach.

Auch Organfette können durch Schimmelpilze intensiv zersetzt werden. So zeigte Ohta (1911), daß Actinomucor repens in sterilem Leberpulver nach 2 Wochen 40% und nach 3 Wochen sogar 54—63% hoher Fettsäuren verzehrte.

Bei der Fettvergärung lassen sich 2 wichtige Phasen unterscheiden. Vorerst findet eine Hydrolyse der Glyceride statt und dann die Verarbeitung ihrer Komponenten.

Daß die Hydrolyse der Fettsäureglyceride durch die Schimmelpilze auf einem enzymatischen Vorgang beruht, beweisen die Untersuchungen von Camus (1897), Biffen (1899), König, Spieckermann und Bremer (1901), Went (1901), Laxa (1902), Garnier (1903). Ein eingehendes Studium der Lipase, wie es z. B. Rouge bei Lactarius sanguifluus (Fr.) durchgeführt hat, liegt aber für Schimmelpilze noch nicht vor.

Die Lipase, die Biffen (1899) aus einer auf Cocosnüssen gewachsenen Nectriacee gewann, spaltete sowohl Cocosnußfett als auch Monobutyrin. Laxa (1902) gewann aus Penicillium und Mucor einen Saft, der Butterfett und Monobutyrin hydrolysierte, während der Saft von Oidium lactis nur auf Monobutyrin spaltend wirkte. Schnell (1912) wies jedoch auch bei diesem Pilze nach der Eijkmannschen Methode die Fähigkeit einer wirklichen Fettspaltung nach. Diese Versuche zeigen, daß wahrscheinlich eine echte Phytolipase vorliegt, durch die besonders die hochmolekularen Fettsäureglyceride intensiv gespalten werden. König, Spieckermann und Bremer (1901) fanden jedoch, daß Glycerinauszüge von Eurotium repens und Oidium nur auf Monobutyrin merkbar wirkten, während die Einwirkung auf Baumwollsamenöl nicht deutlich war.

Über die Löslichkeits- und Diffusionsverhältnisse der Schimmelpilzlipasen lassen sich aus der Literatur ebenfalls einige Anhaltspunkte gewinnen. Camus (1897) fand das neutralisierte Filtrat einer Raulinschen Nährlösung, die mit Penicillium glaucum beimpft war, schwach lipolytisch wirksam. Desgleichen wirkten die Kulturfiltrate von Aspergillus niger spaltend auf Monobutyrin ein. Außerdem fand Garnier (1903) die Kulturfiltrate einer Reihe von Sterigmatocystis- resp. Aspergillusarten lipaseaktiv. Das Kulturfiltrat einer Glycerin-Arachisölkultur von Monilia sitophila enthält nach Went (1901) ebenfalls Lipase. Diese Resultate zeigen somit, daß die Lipase dieser Pilze durch die Zellmembran in die Nährlösung diffundiert.

Ferner beweisen die Versuche von Garnier (1903), daß die Lipase auch auf fettfreien Substraten gebildet wird.

Da alle bis jetzt vorliegenden Untersuchungen über die Fettspaltung durch Schimmelpilze immer nur einzelne Tatsachen konstatiert haben, stellte ich mir auf die Anregung von Herrn Dr. Bassalik, bis 1918 Assistent am botan. Institut in Basel, die Aufgabe, die Eigenschaften der Lipase von Aspergillus niger van Tiegh. möglichst umfassend zu studieren und den Zusammenhang zwischen Wachstum und Lipasebildung bzw. der Lipasewirkung festzustellen. Die Arbeit wurde in der Zeit vom Wintersemester 1918 bis Sommersemester 1920 ausgeführt. Es ist mir eine angenehme Pflicht, Herrn Prof. Bassalik für die Anregung zur Arbeit und für die Einführung in die Methodik zu danken, ebenso Herrn Prof. Senn, der mich bei der Durchführung der Arbeit mit seinem Rat unterstützte.

I. Kultur von Aspergillus niger.

1. Das Versuchsmaterial.

Für die nachfolgenden Untersuchungen wurde ein aus der Laboratoriumsluft isolierter Stamm von Aspergillus niger (van Tieghem) verwendet.

Brenner (1914) hat bei dieser Spezies mehrere morphologisch und physiologisch verschiedene Rassen beschrieben. Um meinen Stamm mit einer dieser Rassen identifizieren zu können, ließ ich den Pilz unter den gleichen Kulturbedingungen wie Brenner wachsen. Diese Kulturen ergaben die Identität meines Stammes mit Brenners Rasse *β*, die sich durch große Mycelproduktion und intensive Sporenbildung auszeichnet. Auch mit dem durch van Tieghem (1867) beschriebenen Aspergillus niger erwies sich der von mir kultivierte Stamm als völlig identisch.

Ich arbeitete ausschließlich mit diesem Stamm des Aspergillus niger van Tieghem, der bei Zimmertemperatur auf schrägem Agar von folgender Zusammensetzung fortgezüchtet wurde:

1000 ccm Leitungswasser
10 g Rohrzucker
5 ,, Pepton Witte (16% N)
1 ,, KH_2PO_4
15 ,, pulv. Agar.[1])

2. Nachweis der Fettbildung von Asp. niger.

Der Tabelle I, in welcher die Resultate verschiedener Forscher über das Wachstum der Schimmelpilze auf Fetten zusammengestellt sind, hauptsächlich den Arbeiten von Schmidt (1891) und Bremer (1901), können wir entnehmen, daß Aspergillus niger befähigt ist, die Glyceride der höheren Fettsäuren als Kohlenstoffquelle zu verwenden und daß er dabei, wie Schmidt quantitativ nachwies, die Fette in ihre Komponenten: Fettsäure und Glycerin, spaltet.

In meinen Versuchen habe ich zunächst das Verhalten meines Aspergillusstammes gegen Fette geprüft.

Nach Brenner (1914) und Elfving (1920) zeigen die verschiedenen Rassen von Aspergillus niger in ernährungsphysiologischer Hinsicht so große Differenzen, daß diese Voruntersuchung notwendig war.

---

[1]) Alle in dieser Arbeit verwendeten Chemikalien stammten von Merck (Darmstadt), Kahlbaum (Zürich) oder König (Leipzig).

Tabelle I.
Versuchsergebnisse verschiedener Forscher über das Wachstum einiger Schimmelpilze auf Fetten.

Autor	Pilz	Substrat	Wachstum	Bemerkungen
van Tieghem 1880	Saccharomyces	Olivenöl	+	Verseifung des Öles
„ „ 1881	„ olei	„	—	
	Bierhefe	„	+	
	Mucor spinosus	„	+	
	M. plecerocystis	„	+	An älteren Mycelpartien Krystalle von Fettsäuren.
	Verticillium	„	+	
	Choetonium	„	+	
	Sterigmatocystis	„	+	
	Penicill. glaucum	„	+	
Kirchner 1888	Elaeomyces olei	Mohnöl	+	Lebhaftes Wachstum.
Schmidt 1891	Aspergillus	} Mandelöl	+	Kein freies Glycerin i. d. Nährlösung. Wiedergewonnenes Öl. Hohe Säurezahl.
	Penicillium			
	Mucor racemosus			
Wehmer 1891	Asp. niger	Olivenöl 1,5 g	+Trockengew. 0,80 g	0,194 g Oxalsäure gebildet.
Biffen 1899	Schimmelpilz (Hypocreales)	Cocosnußmilch	+	Neutrale, mit Lackmus gefärbte Kultur rot verfärbt durch Wirkungen der auf der Oberfläche schwimmenden Mycelflocken.
Went 1901	Monilia sitophila	Butterfett	+	Rascheres Wachstum bei Zugabe von 2,5% Glycerin neben 5% Fett. Lipase in der Nährlösung.
		Arachisöl	+	
		Olivenöl	+	
König, Spieckermann, Bremer 1901	Penicill. glaucum Asp. flavus usw.	Höhere Glyceride	+	
Roussy 1909	Verschiedene Schimmelpilze	Raulin'sche Nährlösung	+	Wachstumsbeginn: 2% Fett
	Asp. niger	+Gelatine	+	Optimalkonzentration: 6—10% Fett
	Penicill. glaucum	+Schweineschmalz	+	Maximalkonzentration: 30—40% Fett.
Roussy 1911	„ „	Fettsäuren, Glycerin	+	Im allgem, Fettsäuren besser nährend als Glycerin. Bei Asp. u. Pen. glaucum Fettsäuren ebensogut wirkend wie das Glycerin.

Dabei verwendete ich folgende Nährlösung:
1000 ccm dest. Wasser
1 g NH_4Cl
1 „ K_2HPO_4
0,5 g $MgSO_4$ 7 H_2O.

Wenn Öl als einzige Kohlenstoffquelle geboten wird, darf die Konzentration nicht zu groß sein, weil sonst leicht die ganze Oberfläche mit einer geschlossenen Ölschicht bedeckt wird, die ein Auskeimen der Sporen resp. ein Wachstum verhindert. Wie schon Schmidt (1891) hervorhebt, bilden sich bei einer Konzentration von 0,5% Öl auf der Nährlösung nur unzusammenhängende Tropfen.

In kleine Erlenmeyerkölbchen wurden je 10 ccm obengenannter Nährlösung abpipettiert und 0,5% Olivenöl zugesetzt. Eine Serie enthielt kein Öl, eine andere kein NH_4Cl, eine letzte nur Öl, um die Reinheit der Nährsalze und des Öles, das vorher filtriert worden war, zu kontrollieren. Die mit Wattepfropf versehenen Kulturen wurden im Dampftopf bei ca. 98° $^1/_2$ Stunde sterilisiert. Diese Sterilisationsdauer genügte, denn die unbeimpften Kontrollkölbchen blieben mehrere Wochen steril. Nach dem Erkalten wurden von jeder Serie je 3 Kölbchen beimpft und mit den unbeimpften Proben in den dunkeln Thermostaten von 27° C gestellt. Die Nährlösung zeigte bei Versuchsbeginn gegen Lackmus neutrale oder schwach alkalische Reaktion. Das alkalische K_2HPO_4 wurde deshalb als Phosphor- und Kaliumquelle gewählt, damit es bei der Fetthydrolyse etwa auftretende Säuren neutralisiere und einer zu starken Aciditätszunahme in der Nährlösung vorbeuge; außerdem konnte auf diese Weise der Reaktionsverlauf während der Entwicklung des Pilzes bequem verfolgt werden. Vom Beginn der Impfung an wurde die Reaktion der Nährlösung gegen Lackmus täglich untersucht.

Nach 3—4 Tagen erschienen in den Kulturen mit der vollständigen anorganischen Nährlösung und Öl als C-Quelle die ersten Mycelflocken; in den (unbeimpften) Kontrollen trat selbst nach einem Monat keine Pilzentwicklung ein. Mit zunehmendem Wachstum nahm auch die Acidität der Nährlösung zu; und als der Versuch nach einem Monat abgebrochen wurde, war die Nährlösung deutlich sauer. Die negativen Resultate der anderen Serien sprechen für die Reinheit der angewendeten Nährsalze und des Öles. Unter sonst gleichen Bedingungen zeigte Aspergillus Wachstum auf Ricinusöl, Mandelöl (Amygdalus communis), Haselnußöl (Corylus avellana), Walnußöl (Juglans regia), ferner auf Butter, Rindertalg, Schweinefett und Kakaobutter. — Auf letzterer war das Wachstum am schwächsten; die Kulturen hatten das gleiche Aussehen wie die später zu erwähnenden, welche Tristearin und Tripalmitin und die zugehörigen Fettsäuren als C-Quellen enthielten. Die Mycelproduktion war hier äußerst gering, während starke Sporenbildung einsetzte.

Die Ölkulturen zeigen durchwegs ein sehr charakteristisches Aussehen. Jeder einzelne Öltropfen ist von einem Mycelring umgeben.

Schmidt (1891) hat diese Wachstumsweise in seiner Arbeit ausführlich beschrieben und ihre Entstehung im hängenden Tropfen mikroskopisch verfolgt. In meinen Kulturen beobachtete ich genau dieselben Bilder.

Endlich mußte noch die Ursache der Acidität in den Ölkulturen untersucht werden.

Es wäre vor allem denkbar, daß infolge der Sterilisation und der nachherigen langen Berührung mit der mineralischen Nährlösung eine Spaltung des Öles eingetreten wäre. Schmidt (1891) verfolgte die Wirkung der Sterilisation quantitativ und wies nach, daß durch diesen Prozeß keine merkliche Spaltung des Öles eintritt. Da die von mir benützte Nährlösung eine andere Zusammensetzung als diejenige Schmidts hatte, untersuchte ich die Wirkung der Sterilisation auf Olivenöl ebenfalls. Das verwendete Olivenöl hatte die Säurezahl 2,9 und die Verseifungszahl 192,0, welche Daten nach den im Schweiz. Lebensmittelbuch (III. Aufl. S. 47) angegebenen Methoden gewonnen wurden. Erlenmeyerkolben, die 100 ccm Nährlösung und 0,5% Olivenöl enthielten, wurden 1 Stunde im strömenden Dampf sterilisiert und unbeimpft 12 Tage bei einer Temperatur von 35° C dunkel gehalten. Hierauf wurde das Öl durch Ausschütteln mit Äther wiedergewonnen und nach dem Trocknen auf seine Säurezahl untersucht, die nun 8,4 war. Die Säurezahl hatte somit um 5,5 zugenommen. Dieser Versuch zeigt, daß das dem Pilz in der Nährlösung dargebotene Öl nur zu einem minimen Teile schon vor der Beimpfung gespalten war.

Gleichzeitig wurde ein Parallelversuch mit nach der Sterilisation beimpften Kolben ausgeführt[1]). Das zurückgewonnene Öl bereitete der Bestimmung der Säurezahl Schwierigkeiten, da es durch den aus den Sporen austretenden Farbstoff (Aspergillin) schwarzbraun verfärbt war. Durch wiederholtes Ausschütteln mit Wasser konnte jedoch das Öl ziemlich gut entfärbt werden. Von diesem verbrauchten 1,3400 g 20 ccm $n/_{10}$-KOH somit beträgt die Säurezahl:

$$SZ = \frac{20 \cdot 5,61}{1,340} = 83,7$$

Davon sind zu substrahieren
(Sterilisationswirkung) . . .   5,5
bleibt Säurezahl, durch Pilztätigkeit hervorgerufen . .   78,2
= 41,1% freie Fettsäuren.

Somit ist erwiesen, daß der Pilz in einer anorganischen Nährlösung mit Olivenöl als C-Quelle eine Anreicherung der freien Fettsäuren des Öles bewirkt. Die in der Nährlösung gefundene Acidität rührt wohl nicht von der Ölsäure oder anderen hochmolekularen Fettsäuren her, vielmehr könnten gleichzeitig niedere Fettsäuren oder auch Oxalsäure entstanden sein, welch letztere Wehmer (1891) bei Aspergillus niger mit Olivenöl als C-Quelle nachgewiesen hat.

Um die Frage nach der Ursache der Acidität zu entscheiden, habe ich in Kulturkolben nach Granger von 500 ccm Inhalt (F. Z. Glas), die 100 ccm Nährlösung und 0,5 g Olivenöl enthielten, nach halbstündiger Sterilisation

Sporen ausgesät und die Kulturen 11 Tage bei 35° C dunkel gehalten. Nun wurden die filtrierten und mit HCl angesäuerten Nährlösungen einiger Kulturen der Wasserdampfdestillation unterworfen, um etwaige flüchtige Säuren zu fassen. Die Prüfung auf Säuren fiel jedoch im Destillat negativ aus.

Nun prüfte ich noch nach der von Wehmer (1891; S. 276) angegebenen Methode auf Oxalsäure; da ich dabei eine kräftige Oxalatfällung erhielt, ist es offenbar die Oxalsäure, welche in erster Linie in den neutralen resp. schwach alkalischen Nährlösungen die Acidität verursacht.

Des weiteren suchte ich festzustellen, auf welchen Komponenten der Fette die Oxalsäurebildung erfolgt. Daß Aspergillus niger mit Glycerin Oxalsäure bildet, hat Wehmer (1891) nachgewiesen.

Ich führte außerdem einen Parallelversuch mit Ölsäure einerseits und mit Glycerin anderseits aus. Es wurden deshalb mit der oben angegebenen Nährlösung 2 Kulturserien mit 0,5% Glycerin und 0,5% Ölsäure angesetzt. Die Versuchsdauer betrug 9 Tage (Temp. 30° C). In dieser Zeit hatte sich auf den Glycerinkulturen eine lockere Myceldecke gebildet, während sich um die Ölsäuretropfen einzelne Flocken angesammelt hatten. In beiden Fällen war das Wachstum gering. Leider gingen mir die Niederschläge zugrunde, bevor ich sie quantitativ zu bestimmen vermochte.

Die lipolytische Fähigkeit von Aspergillus niger habe ich auch noch nach anderen, jedoch nur qualitativen Methoden nachgewiesen.

Söhngen (1910, S. 698) hat zum Nachweis der Bakterienlipase folgende Methode verwendet. Die Innenseite steriler Reagensgläser wird in der Wärme mit einem festen Fett, etwa Rindertalg, überzogen; nach dem Erkalten wird sterile Nährlösung zugegeben und beimpft. Die Talgschicht ist bei Versuchsbeginn homogen, schwach grauweiß und durchscheinend. Die von den Mikroorganismen abgeschiedene Stearinsäure macht das Fett weiß, undurchsichtig und brüchig. Ein Vergleich mit einem unbeimpften Röhrchen läßt dann entscheiden, ob eine Lipolysewirkung eingetreten ist.

Zu meinen Versuchen benützte ich Erlenmeyerkölbchen, Rindertalg und die oben angegebene, mineralische Nährlösung. Die Kölbchen enthielten 10 ccm Nährlösung und wurden 3 Wochen bei 20° dunkel gehalten. Das Pilzmycel entwickelte sich nun, wie zu erwarten war, an der Berührungsstelle von Talgschicht und Nährlösung. Nach einigen Tagen begann sich von der Berührungsstelle mit der Flüssigkeitsoberfläche her ein weißer Verseifungsring zu bilden, der rasch breiter wurde. Nach 12 Tagen war die ganze Talgschicht weiß, krümelig und undurchsichtig und ließ sich mit der Pinzette als zusammenhängender Mantel von der Gefäßwand leicht abheben. Die mikroskopische Prüfung dieser Decke ergab eine vollständige, netzartige Durchwachsung der Fettschicht durch die Pilzhyphen. Die sterilen Proben dagegen zeigten eine unveränderte, durchscheinende Talgschicht, die höchstens an der Berührungsstelle mit der Flüssigkeitsoberfläche einen schwach weißen, etwa 0,5 mm breiten Streifen aufwies. Diese und alle folgenden Kulturen wurden mikroskopisch unter Anwendung der Ölimmersion auf absolute Reinheit untersucht und nur die Resultate solcher Kulturen berücksichtigt, die sich nach Versuchsabschluß als bakterienfrei erwiesen hatten.

Auch nach der Eijkmannschen Diffusionsmethode reagiert Aspergillus niger lipaseaktiv. Als Fett benutzte ich Rindertalg, der in Petrischalen gegossen und mit Agar von der obenerwähnten Zusammensetzung bedeckt wurde. Es wurde nun eine Anzahl solcher Fettagarplatten, neben einer Reihe unbeimpfter Platten, in den dunklen Thermostaten von 27° C gestellt. Die Kulturen zeigten sofort starkes Wachstum, nach 4—5 Tagen beginnt sich die unter den Kolonien gelegene Talgschicht weiß zu verfärben, was auf Verseifung zurückzuführen ist. Diese nimmt nun an Intensität rasch zu, und am 8. Tage war die fragliche Talgschicht vollständig weiß und brüchig geworden und ließ sich leicht vom Schalenboden abheben. Die Verseifung wird durch die von den Pilzkolonien abgeschiedene und durch Agar diffundierende Lipase verursacht. In den Kontrollplatten konnte gleichzeitig keine Veränderung der Talgschicht konstatiert werden.

3. Kultur von Aspergillus niger auf verschiedenen Kohlenstoffquellen.

Die Versuche mit Fettsäuren, Glycerin und Estern hatten den Zweck, das Wachstum auf den hochmolekularen Fettsäuren und Glycerin zu untersuchen und den Nährwert dieser Stoffe zu bestimmen und um festzustellen, ob z. B. nur Glyceride oder auch andere Ester als C-Quelle in Frage kommen. Nachher werde ich dann die Wirkung der Lipase auf diese Ester untersuchen, um festzustellen, ob Ester, die sich als für den Pilz untaugliche C-Quellen erwiesen haben, von der Lipase nicht gespalten werden.

Die C-Quelle wurde in einer Konzentration von 0,5% jeweilen 10 ccm der erwähnten mineralischen Nährlösung zugesetzt und in Erlenmeyerkölbchen ca. 30 Minuten im Dampftopf sterilisiert. Wenn möglich wurden immer 2 Versuchsserien ausgeführt, die sich durch ihre Versuchsdauer unterschieden (1 Woche und 3—4 Wochen), um etwaige Zufälligkeiten im Wachstum zu erkennen. Jede Serie enthielt wieder 3 Parallelreihen. Außerdem wurden unbeimpfte Kölbchen als Kontrollen verwendet und endlich je eine kleine Menge der mineralischen Nährlösung und der C-Quelle für sich beimpft, um ihre Reinheit zu prüfen. Die Kulturen wurden im Dunkelzimmer bei 19—20° C gehalten. Über die Stärke der Entwicklung geben eigentlich nur Trockengewichtsbestimmungen Aufschluß. Dabei müßten die C-Quellen in bezug auf den Kohlenstoff äquivalent sein und es müßten die Trockengewichte unter Berücksichtigung der Zeit miteinander verglichen werden. Solche quantitative Bestimmungen habe ich nicht ausgeführt, da sie für meine Zwecke nicht notwendig waren. Ich habe mich deshalb beschränkt, die Intensität des Wachstums abzuschätzen. Die auf diese Weise erhaltenen Resultate sind deshalb nur Vergleichswerte, gestatten jedoch als solche einen annähernden Schluß auf die Tauglichkeit der verwendeten Stoffe als C-Quelle zu ziehen.

In den nachfolgenden Tabellen wird durch 3 Kreuze das beste, durch ein Kreuz das schwächste Wachstum bezeichnet.

a) Kultur auf Fettsäuren und Glycerin.

Tabelle II.
Beimpfung ab Ag-Kultur: 31. I. 1919.

Datum	Ricinusöl	Glycerin	Ölsäure	Palmitinsäure	Stearinsäure
3. II.	−	−	+	+	+
11. II.	+++	++	++	+	+

Tabelle III.
Beimpfung: 5. III. 1919.

Datum	Ricinusöl	Glycerin	Ölsäure	Palmitinsäure	Stearinsäure
7. III.	+	+	+	−?	−?
10. III.	+	++	++	+	+
13. III.	++	+++	++	+	+
17. III.	+++	+++	++	+	+
25. III.	+++	+++	++	+	+
Reakt.	sauer	stark sauer	sauer	schwach sauer	schwach sauer

Aus Tabelle II und III geht hervor, daß das Wachstum auf den Fettsäuren schwächer ist als dasjenige auf Öl und auf Glycerin. Von den Fettsäuren erlaubte Ölsäure das beste Wachstum. Die bei Versuchsbeginn neutrale Reaktion machte einer sauren Platz, welche bei Glycerin am stärksten, bei Palmitin- und Stearinsäure dagegen am schwächsten war. Die Ölsäurekulturen zeigten bald die für die Ölkulturen charakteristischen Umrahmungsbilder. Auf Palmitinsäure und Stearinsäure bildete der Pilz fast nur Sporangienträger aus, die auf der Oberseite der auf der anorganischen Nährlösung schwimmenden Fettsäureblättchen ausgebildet wurden.

b) Kultur auf verschiedenen Estern.

Die mit Wasserdampf nicht flüchtigen Ester wurden vor dem Sterilisieren in die Kölbchen gegeben, die flüchtigen erst nachher mit steriler Pipette. Von den unlöslichen Estern war bei Versuchsabbruch jeweilen noch ein Teil im ungelösten Zustande vorhanden; es hätten also dem Pilze genügend C-Verbindungen zur Verfügung gestanden. Die Konzentration betrug 0,5%

Tabelle IV.
Wachstum auf verschiedenen Estern.

	I. Serie: 3. III.–10. III.	II. Serie: 4. VII.–29. VII.
Ricinusöl	+	+++
Triolein	—	+++
Tripalmitin	+	++
Tristearin	+	++
Triacetin	++	+++
Monobutyrin	—	—
Buttersäureäthylester	—	—
Malonsäureäthylester	—	—
Bernsteinsäureäthylester	—	—
Benzoesäureäthylester	—	—

Unter diesen Bedingungen tritt also Wachstum auf den Triglyceriden der Fettsäuren ein. Von diesen Estern zeigte Triacetin das rascheste und stärkste Wachstum, doch ist hier die Sporenbildung relativ geringer als bei den Kulturen mit Öl, Triolein, Tripalmitin und Tristearin. Die Triacetinkulturen reagieren nach kurzer Zeit sauer gegen Lackmus und entwickeln Essigsäuregeruch. Das Wachstum auf den Triglyceriden der Palmitin- und Stearinsäure unterscheidet sich nicht wesentlich von demjenigen auf den entsprechenden freien Säuren; wie bei diesen tritt intensive Sporenbildung ein. — Auf Monobutyrin gedieh der Pilz ebenfalls nicht, obschon, wie wir sehen werden, seine Lipase diesen Ester intensiv zu spalten vermag. Ich behalte mir vor, diese Versuche über den Nährwert verschiedener anderer Ester später weiter auszudehnen.

II. Die Lipase von Aspergillus niger.
1. Darstellungsmethoden.

Camus (1897) und Garnier (1903) wiesen nach, daß die Fettspaltung durch Aspergillus niger enzymatischen Charakter hat. Die Ergebnisse dieser und vieler anderer Forscher, die sich mit Pilzlipasen beschäftigten, zeigen, daß diese leichter darzustellen sind als die Lipasen der höheren Pflanzen. Camus (1897) und Garnier (1903) fanden die Nährlösung lipolytisch wirksam, ebenso Deleano (1909), der bei Lactarius sanguifluus 2 Lipasen unterschied, eine wasserlösliche und eine im Mycel verbleibende. Wässerige Auszüge verwendeten Biffen (1899), König, Spieckermann und Bremer (1901). Rouge (1907) erhielt das wirksamste Präparat dadurch, daß er die Mycelien mit Sand und Glycerin zerrieb und hierauf bei 37° C 24 Stunden lang digerieren ließ. Nachher setzte er für 1 Volumen Glycerin 1 Volumen Wasser zu und preßte den Saft aus. Laxa (1902) zerrieb Mycelien und preßte dann den Brei durch feine Leinwand. Das Präparat spaltete sowohl Monobutyrin als auch Butterfett.

2. Quantitativer Nachweis der Lipasewirkung.

Als Maß für die Wirkung der Lipase benützte ich die Menge der von ihr aus den Fetten bzw. Estern freigemachten Fettsäuren. Diese bestimmte ich durch Titration mit $^n/_{10}$-Kalilauge unter Anwendung von 1 proz., äthylalkoholischer Phenolphthaleinlösung als Indikator.

Zuerst arbeitete ich mit 0,5—1 proz. Öl- oder Trioleinemulsionen. Da diese jedoch bald wieder aufrahmten und damit die Angriffsfläche für die Lipase erheblich reduzierten, verwendete ich in der Folge die in Wasser löslichen Glyceride: Monobutyrin und Triacetin. Außer ihrer Löslichkeit haben die beiden Ester den Vorteil, daß sie eine erheblich größere Verseifungszahl aufweisen als Triolein, was die Genauigkeit der Methode erhöht. Je nach der Quantität des zugesetzten Esters und der Aktivität der Präparate arbeitete ich mit einer Normalbürette von 50 ccm Inhalt mit Teilung in $^1/_{10}$ ccm oder mit Mikrobüretten, bei denen ein Kubikzentimeter in 100 Teile geteilt war. Über die Genauigkeit der Methode bei Anwendung der verschiedenen Ester gibt folgende Tabelle Auskunft.

Tabelle V.
Fehlergrenzen bei Verwendung verschiedener Ester.

	Triolein	Triacetin	Monobutyrin
Verseifungszahl: 1 g Ester verbraucht zur Verseifung mg KOH	190,4	772,0	343,3
5 ccm 1 proz. Esterlösung (Emuls.) verbraucht z. Verseifung mg $^n/_{10}$-KOH . . .	9,52	38,6	17,3
5 ccm 1 proz. Esterlösung (Emuls.) verbraucht z. Verseifung ccm $^n/_{10}$-KOH . .	1,697	6,879	3,086
1% gespalt. Ester entsprechen ccm $^n/_{10}$-KOH	0,016	0,068	0,0308
Genauigkeit bei Ablesung mit Normalbürette, genaue Ablesung = $^1/_{20}$ ccm	3,1%	0,73%	1,2%
Genauigkeit bei Ablesung mit Mikrobürette, Ablesung möglich bis 0,005 ccm . .	0,31%	0,07%	0,12%

Mit Monobutyrin hat bereits Hanriot (1896) gearbeitet, der die freie Buttersäure mit Na_2CO_3-Lösung titrierte mit Phenolphthalein als Indikator. Rouge (1907, S. 593) ersetzte dann die Na_2CO_3-Lösung durch $Ca(OH)_2$, dessen Titer nach jeder Versuchsserie mit $^n/_{10}$-Oxalsäure kontrolliert wurde. Zu meinen Versuchen benützte ich eine $^n/_{10}$-Kalilauge, deren Titer mit $^n/_{10}$-HCl in gleicher Weise nachgeprüft wurde. Die Vorratsflasche wurde durch ein Heberrohr mit der Bürette verbunden, deren Luftraum mit demjenigen der Flasche kommunizierte. Letztere war oben durch ein U-Rohr abgeschlossen, das mit KOH durchtränkte Bimssteinstücke enthielt.

Die Lipolyseversuche wurden in sterilisierten, mit Wattepfropf versehenen Erlenmeyerkölbchen ausgeführt. Als Asepticum wurde Toluol verwendet und zwar soviel, daß die Flüssigkeitsoberfläche gerade damit bedeckt war. Durch Versuche wurde festgestellt, daß bei Preßsäften und Extrakten oder befeuchteten Trockenpräparaten ein 5 Minuten langes Kochen genügt, um die Lipase abzutöten. Um zu erfahren, wieviel der entstandenen Säuren ausschließlich durch die Lipase gebildet worden war (reine Lipasewirkung), wurde neben jedem Versuch eine Kontrolle verwendet, die sich vom Versuche nur dadurch unterschied, daß in ihr die Lipase durch Kochen zerstört war. Durch Subtraktion der Acidität dieser Kontrollflüssigkeit von der Acidität der aktive Lipase enthaltenden Versuchsflüssigkeit erhielt ich die reine Lipasewirkung. Wenn das Lipasematerial ausreichte, stellte ich stets 2 Parallelversuche an; das Mittel aus beiden Säurebestimmungen beobachtete ich als Maß der Lipasewirkung. Mußte bei höheren Temperaturen gearbeitet werden, so wurden die Wattepfropfen durch gepreßte Korke ersetzt, um ein Entweichen von Ester bzw. freier Säure zu verhindern. Sämtliche Versuche wurden im Dunkeln ausgeführt.

3. Wirkung verschiedener Lipase-Präparate.

a) Lipase in der Nährlösung.

Garnier (1903) und Camus (1897) haben gezeigt, daß Aspergillus niger Lipase in die Nährlösung abscheidet. Camus verwendete die Raulinsche Nährlösung (vgl. Küster); Garnier die von Lutz und Guéguen modifizierte Raulinsche Lösung. Schmidt (1891) hat schon vermutet, daß bei der extracellulären Spaltung von Mandelöl ein Ferment in Frage kommen könnte. Wie seine Analysen zeigen, wird die eine Komponente des Glycerids, nämlich das Glycerin, schneller verarbeitet als die Ölsäure, so daß das aus alten Kulturen zurückgewonnene Fett fast nur noch aus Ölsäure besteht. Die beinahe vollständige Spaltung des Öles in der vorher mit dem Pilz beschickten Nährlösung läßt ohne weiteres auf ein Ektoenzym schließen.

Um die lipolytische Wirkung der Nährlösung zu untersuchen, legte ich in großen, 3 litrigen Erlenmeyerkolben Kulturen auf 200 ccm von folgender Nährlösung an:

0,1% K_2HPO_4 0,05% kryst. $MgSO_4$
0,1% NH_4Cl 1,0% Ricinusöl.

Nach halbstündigem Sterilisieren im Dampftopf impfte ich und hielt die Kulturen 21 Tage im dunkeln Thermostaten von 26° C. Nach dieser Zeit waren die Öltropfen ganz von Mycel eingehüllt, das inzwischen reichlich Sporen gebildet hatte. Die Nährlösung war schwach braungelb verfärbt, jedoch konnte an 20 ccm derselben der Farbenumschlag bei der Titration noch gut erkannt werden. Nach Prüfung mit Ölimmersion auf absolute Reinheit wurde die Nährlösung zweier Kolben durch dichte Schleichersche Filter filtriert, die eine Hälfte mit K_2CO_3 gegen Lackmus schwach alkalisch gemacht, die andere Hälfte nicht neutralisiert. Sie reagierte gegen Lackmus sauer. Die Wirkung gleicher Mengen beider Proben auf 5 ccm Trioleinemulsion bei gleichen äußeren Bedingungen ist aus Tabelle VI ersichtlich.

Tabelle VI.
Wirkung eines Kulturfiltrates auf Triolein.
Versuchsdauer 54 Stunden, Temp. 38°. 4 Tropfen Phenolphth.

Schwach-alkal. Kulturfiltrat	Saures Kulturfiltrat
20 ccm nicht-gekocht. Filt. 0,25 ccm $n/_{10}$-KOH	20 ccm nicht-gekocht. Filt. 8,70 ccm $n/_{10}$-KOH
20 ccm gekochtes Filtrat. . 0,25 ccm $n/_{10}$-KOH	20 ccm gekochtes Filtrat. . 7,50 ccm $n/_{10}$-KOH
Wirkung . . . 0,0 ccm $n/_{10}$-KOH	Wirkung . . . 1,20 ccm $n/_{10}$-KOH
„ i. %: 0.	„ i. %: 75.

Der Versuch zeigt deutlich, daß die Nährlösung lipolytisch wirkt und daß es sich um eine Phytolipase handelt, die Glyceride höherer Fettsäuren, z. B. Triolein, kräftig zu spalten vermag. Ferner sehen wir, daß bei gegen Lackmus alkalischer Reaktion die Lipasewirkung gehemmt wird, während sie bei saurer Reaktion eintritt.

In einem weiteren Versuche wurde mit sonst gleicher Nährlösung Pepton als N-Quelle benützt (0,5 proz.).

Die Kulturen wurden 20 Tage in der Dunkelkammer bei 20° C gehalten. In dieser Zeit bildete sich eine mäßig dicke, noch nicht kompakte Myceldecke, die starke Sporenbildung aufwies. Die Nährlösung war von weingelber Färbung, vollkommen klar und bakterienfrei; ich neutralisierte sie nach Filtration mit K_2CO_3 gegen Lackmus und stellte mit ihr folgenden Versuch an:

Tabelle VII.
Wirkung eines Kulturfiltrates auf Triolein.
Zeit: 41 Stunden, Temp.: 21° C.

10 ccm Filtrat + 10 ccm 1 proz. Trioleinemulsion: 0,35 ccm $n/_{10}$-KOH
20 „ „ + 10 „ „ „ 0,70 „ „
30 „ „ + 10 „ „ „ 1,00 „ „

Die Nährlösung erweist sich somit als lipaseaktiv. Zugleich zeigen die erhaltenen Resultate eine deutliche Abhängigkeit der Fettspaltung von der Filtratmenge.

Aus dem Mycel wurde nach Ausätherung ein Extrakt nach Rouge (1907, S. 594) bereitet und dieser ebenfalls mit K_2CO_3 gegen Lackmus neutralisiert. 2,5 ccm dieses Extraktes machen in 24 Stunden bei 21° C aus 5 ccm 1 proz. Trioleinemulsion 12,5% Ölsäure frei. Leider reichte der Extrakt zu vergleichenden Versuchen mit der lipasehaltigen Nährlösung nicht mehr aus. Der Mycelrückstand wurde bei 22° C getrocknet und nachher gut zerrieben.

2 g desselben setzten in 25 Stunden bei 21° C aus 10 ccm 1 proz. Trioleinemulsion 4,5% Ölsäure in Freiheit. Diese schwache Wirkung ist wahrscheinlich auf die unvollkommene Auspressung des mit Sand zerriebenen Mycels zurückzuführen und spricht wie die relativ starke Wirkung des Mycelextraktes zugunsten der Wasserlöslichkeit der Lipase.

Ein letzter Versuch wird zeigen, daß auch auf einem von Fett freien Substrat Lipase gebildet wird.

In Grangerkolben wurden je 100 ccm folgender Nährlösung abgefüllt:

0,1% KH_2PO_4
0,05% $MgSO_4$ kryst.
0,5% Pepton
1,0% Rohrzucker.

An 3 aufeinanderfolgenden Tagen wurden die Kulturgefäße je 20 Min. lang sterilisiert. Nach Beimpfung verblieben die Kulturen 10 Tage bei 20° C im Dunkelzimmer. In dieser Zeit bildeten sich dicke Decken, die einen kräftigen Sporenbelag aufwiesen. Die Kulturflüssigkeit wurde abfiltriert und gegen Lackmus neutralisiert; sie war so intensiv braungelb verfärbt, daß beim Titrieren nur 10 ccm den Farbenumschlag noch deutlich erkennen ließen. 10 ccm Kulturflüssigkeit verursachten in einer 0,5 proz. Olivenölemulsion eine Spaltung von 37,5% (Zeit: 24 Stunden, Temp.: 36°, Mikrobürette).

Es wird somit auch Lipase in eine Nährlösung ausgeschieden, die kein Fett enthält.

Ich versuchte durch Eintragen der Nährlösung in das 5- bis 6fache Volumen von 96 proz. Alkohol die Lipase auszufällen; die gebildeten Niederschlagsmengen waren jedoch äußerst gering und bestanden wohl zum größten Teil aus Pepton.

b) Lipase in Extrakten.

Es wurde bereits oben gezeigt, daß ein nach der Methode von Rouge hergestellter Glycerinextrakt ein wirksames Präparat liefert, doch gibt auch ein Wasserextrakt ein positives Resultat.

Die zum Extrakt verwendeten Kulturen wurden 14 Tage bei 27° C auf folgender Nährlösung gezüchtet:

0,1 KH_2PO_4
0,1 $NH_4 \cdot Cl$
0,05 $MgSO_4$ kryst.
1,0 Haselnußöl.

Die dicht mit Sporen bedeckten, relativ dünnen Decken wurden nach Entfettung durch Äther mit gereinigtem Quarzsand und einigen Tropfen $n/_{10}$-Essigsäure so lange zerrieben, bis eine Probe unter dem Mikroskop keine intakten Zellen mehr erkennen ließ. Dann wurde das 10fache Volumen dest. Wassers zugesetzt, das Ganze durch ein Schleichersches Filter filtriert und das Filtrat mit Na_2CO_3 gegen Lackmus neutralisiert.

Tabelle VIII.

Wirkung verschiedener Extraktmengen bei konstantem Volumen auf 5 ccm 1 proz. Monobutyrin bei 40°.

Versuchsdauer: 22 Stunden.

ccm Extrakt ccm H_2O	1 4	2 3	3 2	4 1	5 0
Wirkung in ccm $n/_{10}$-KOH	0	0,4	0,8	1,1	1,45
„ „ „ in %	0	13,3	26,6	36,6	48,3

Der wässerige Auszug aus Aspergillus niger enthält also Lipase. Die Essigsäure wurde darum zugegeben, weil sich eine ganz schwach saure Reaktion als für die lipolytische Wirkung günstig erwies.

c) Wirkung eines Preßsaftes.

Um eine möglichst große Mycelmenge zu erhalten, habe ich 27 Grangerkolben mit je 100 ccm der obenerwähnten Nährlösung mit 0,5% Pepton und 1% Rohrzucker beschickt. Nach Beimpfung standen die Kolben bei 32° C 7 Tage lang im Dunkeln. Den Preßsaft stellte ich nach der Methode von Pringsheim (1910, S. 197) dar. Das gewaschene Mycel wurde in einer Handpresse leicht entwässert, dann in einer Reibschale mit Quarzsand und Kieselgur zerrieben, bis eine homogene Masse von Teigkonsistenz resultierte. [Gewichtsverhältnisse wie bei der Preßsaftdarstellung aus Hefe nach Buchner (1903, S. 60).] Die Masse wurde in ein vorher ausgekochtes Preßtuch gegeben und in einer hydraulischen Presse bei 350 Atm. Druck ausgepreßt. Der steril aufgefangene Preßsaft war braunrot und reagierte gegen Lackmus sauer. Er ließ sich durch ein gewöhnliches Filter leicht filtrieren.

Tabelle IX.
Wirkung eines Preßsaftes auf Monobutyrin.
Zeit: 47 Stunden, Temp. 40,5°. 5 ccm 1 proz. Monobutyrin.

ccm Preßsaft	ccm H$_2$O	Wirkung in ccm	$n/_{10}$-KOH Wirkung in %
1	4	0,30	10
2	3	0,65	21,6
3	2	0,95	31,6
4	1	1,05	35,0
5	0	1,25	41,6

Der Versuch zeigt also, daß der Preßsaft Lipase enthält, daß aber die Spaltung des Monobutyrins nur anfangs proportional der Enzymmenge ansteigt, nachher aber nicht mehr.

In folgendem Versuche wurden 10 ccm Olivenölemulsion zur Stabilisierung der Emulsion mit einer Spur Gummi arabicum versetzt und die Wirkung des Preßsaftes auf Olivenöl untersucht.

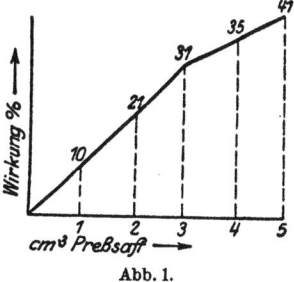

Abb. 1.

Tabelle X.
Wirkung eines Preßsaftes auf Olivenölemulsion.
Zeit: 45 Stunden, Temp.: 40,5°.

10 ccm ungekochter Preßsaft verbr. $n/_{10}$-KOH in ccm: 4,70, gesp. Öl: 59,8%
10 „ gekochter „ „ „ „ „ 2,90, „ „ 0%

Der Preßsaft besitzt somit die Fähigkeit, auch Olivenöl intensiv zu spalten.

d) **Ausfällung der Lipase aus einem Preßsaft.**

Um die Lipase aus einem Preßsaft ausfällen zu können, habe ich 20, 6 Tage alte, bei 34° C gewachsene Kulturen von Grangerkolben mit 100 ccm Nährlösung (enthaltend Rohrzucker und Pepton) ausgepreßt.

Der Preßsaft, der genau gleich aussah wie beim vorherigen Versuche, wurde durch Glaswolle filtriert und hierauf in das 6fache Volumen 95 proz. Alkohol gegossen. Es bildete sich ein grauweißer Niederschlag, der nach kurzem Absitzenlassen rasch filtriert und bei 40° getrocknet wurde. Der trockene Rückstand wurde vom Filter abgehoben und fein zerrieben. Von diesem Pulver spalteten 0,05 g in 23 Stunden bei 40° C aus 5 ccm 1 proz. Monobutyrin 16,6% Buttersäure ab. Mit 0,05 g Pulver, 1 g Triolein und

0,6 ccm Wasser wurde eine Emulsion hergestellt, wie sie von Yalander (1911) bei seinen Studien über die Ricinuslipase verwendet wurde. Das Gemisch blieb 48 Stunden bei 33° C stehen.

Leider vergaß ich die Proben hie und da zu schütteln, um die Emulsion intakt zu erhalten. Diese war denn auch bei Versuchsabbruch aufgerahmt und es ließ sich deshalb keine starke Lipasewirkung erwarten; tatsächlich wurden in dieser Zeit nur 4% Triolein gespalten.

Der bei 40° C getrocknete Preßrückstand zeigte keine Wirkung.

e) **Wirkung von Acetondauerpräparaten.**

Bei der Darstellung von Acetondauerpräparaten folgte ich der Methode von Pringsheim (1910, S. 197).

Die Myceldecke einer 14 Tage bei 18° C gewachsenen Pepton-Rohrzuckerkultur wurde ausgewaschen und hierauf in einer Handpresse kräftig entwässert. Der Preßkuchen wurde nun 10 Minuten lang in Aceton geschwenkt, nachdem er vorher fein zerkleinert worden war. Nach dem Absitzen der aufgeschwemmten Masse wurde auf der Nutsche möglichst trocken abgesaugt und der wieder zerkleinerte Preßkuchen neuerdings in Aceton eingetragen, wo er während 2 Minuten geschwenkt wurde. Ich habe übrigens festgestellt, daß beim Eintragen in Aceton eine Temperatursteigerung von höchstens 1° C eintritt. Nachdem die Masse grobgepulvert ist, wird sie in einer Schale mit Äther übergossen; sie bleibt 3 Minuten darin und wird öfter umgerührt. Nach dem Absaugen des Äthers wird die gepulverte Masse auf Filtrierpapier $1/2$—1 Stunde an der Luft liegengelassen. Nachher trocknet man im Thermostaten bei 40—45°. Die Ausbeute betrug in diesem Falle 0,5 g. Mit diesem Präparat wurde die Wirkung auf Triacetin untersucht.

Tabelle XI.

Wirkung eines Acetonpräparates auf Triacetin.

5 ccm 2,5 proz. Triacetin. Dauer: 24 Stunden, Temp.: 41° C

Pulver g	Wirkung		%-Triacetin gespalten
	ccm $n/_{10}$-KOH	mgr KOH	
0,1	3,70	20,75	21,6
0,2	4,68	26,25	27,5

Dieser Versuch zeigt deutlich, daß das Acetonpräparat Lipase enthält.

4. Abhängigkeit der Lipasebildung von Kohlenstoff- und Stickstoffquelle.

Aus den Arbeiten zahlreicher Forscher (Katz 1898, Butkewitsch 1902, Grezes 1912, Knudson 1913, Kylin 1914) geht hervor, daß der Nährboden die Bildung der Enzyme so weit beeinflussen kann, daß sie in verschiedener Menge oder überhaupt nicht gebildet werden. So hat Kylin festgestellt, daß die Diastasebildung von Aspergillus niger bei Zugabe von Stärke gesteigert wird und bei ausschließlicher Kultur auf Stärke einen maximalen Wert erreicht.

Um die Einwirkung des Nährbodens auf die Lipasebildung festzustellen, habe ich Kulturen in Grangerkolben auf 100 ccm folgender Nährlösung angesetzt: 0,1% KH_2PO_4
0,1% NH_4Cl resp. äquival. Menge Pepton
0,05% $MgSO_4$ kryst.
1,0% C-Quelle
100 ccm Aqua dest.

Von diesen Kulturen wurden Acetondauerpräparate hergestellt und die Wirkung gleicher Gewichtsmengen des Präparates auf eine gleiche Estermenge unter gleichen Versuchsbedingungen untersucht. Kulturdauer 9 Tage, Temp. 35° C.

Tabelle XII.
Einfluß verschiedener C- und N-Quellen auf die Lipasebildung.
0,1 g Acetondauerpräparat, 5 ccm 1 proz. Monobutyrin. Zeit: 24 Stunden, Temp.: 38° C.

Substrat	Wirkung in %
Haselnußöl	98,3
H.-Öl + Pepton (16% N)	90,0
Rohrzucker + Pepton	33,3

Hier fällt sofort der große Unterschied zwischen der Lipasebildung auf Öl als einziger organischer C-Quelle und einer Nährlösung mit Pepton als N-Quelle und Rohrzucker als C-Quelle auf. Im ersten Falle ist die relative Lipasemenge 3 mal größer als im letzten. Die Lipasebildung der Pepton-Ölkultur steht dagegen nur wenig hinter derjenigen der Ölkultur zurück.

Der folgende Versuch befaßte sich mit der Lipasebildung auf Triolein und seinen Komponenten. Die Kulturdauer betrug 11 Tage, Temp. 35° C.

Tabelle XIII.
Lipasebildung auf verschiedenen C-Quellen.
0,2 g Pulver, 5 ccm 1 proz. Monobutyrin. Zeit: 24 Stunden, Temp.: 38° C.

Substrat	Spaltung in %
Triolein	98,3
Ölsäure	90,0
Glycerin	40,0

Aus Tabelle XIII geht hervor, daß die C-Quelle die Lipasebildung quantitativ zu beeinflussen vermag; am meisten Lipase wird auf Triolein gebildet, auf Ölsäure ist die Enzymbildung fast ebenso stark, während sie auf Glycerin um mehr als die Hälfte geringer ist.

Nun sind allerdings diese Resultate nicht ohne weiteres vergleichbar, da wir nach Went (1918, S. 1) auf diese Weise nicht ganz entsprechende Stadien des Pilzwachstums vergleichen, weil ja das Trockengewicht z. B. bei C-Quellen von verschiedenem Nährwert nicht zu gleicher Zeit sein Maximum erreicht. Went zeigte weiter, daß für die Enzymbildung auch ein Zeitoptimum besteht, in welchem diese ihr Maximum erreicht, daß sie später aber wieder sinkt. Da jedoch der Beginn der Mycelentwicklung und derjenige der Sporenbildung unter den angeführten Kulturbedingungen und auf den untersuchten Nährlösungen höchstens um einen Tag differierte, so kann man mit Hilfe der Resultate dieser Versuche den Einfluß des Nährbodens auf die Lipasebildung doch einigermaßen abschätzen. Der genaue Verlauf der Lipasebildung auf den verschiedenen Substraten soll der Gegenstand einer späteren Arbeit sein.

5. Zeitlicher Verlauf der Lipasebildung.

In seiner Untersuchung über den Verlauf der Diastasebildung bei Aspergillus niger hat Went (1918) gezeigt, daß in einer Nährlösung mit 0,5% Glucose, 0,5% $NH_4 \cdot NO_3$, 0,1% K_2HPO_4 und 0,05% $MgSO_4$ bei 35° C die Diastasebildung sofort rasch ansteigt, nach etwa 5 Tagen ein Maximum erreicht und dann ebenso rasch wieder abnimmt. Das Trockengewicht dagegen erreicht das Maximum erst nach 9 Tagen.

Folgender Versuch zeigt nun, daß auch bei der Lipasebildung ähnliche Verhältnisse bestehen.

Der Pilz wurde in Grangerkolben bei 33—34° C auf 100 ccm Nährlösung folgender Zusammensetzung kultiviert:

$$0,1\% \ KH_2PO_4$$
$$0,05\% \ MgSO_4$$
$$0,5\% \ \text{Pepton}$$
$$1,0\% \ \text{Rohrzucker.}$$

Die im folgenden für das Trockengewicht angegebenen Zahlen sind immer das Mittel aus 2 Bestimmungen. Um diese auszuführen, hob ich die Myceldecken möglichst ohne Verlust ab, wusch sie gut aus und trocknete nachher in tarierten Wäggläschen bei 105° C bis zur Gewichtskonstanz, was etwa 6 Stunden beanspruchte, und wog dann. Zur Bestimmung des Lipasegehaltes der Nährlösung wurde diese filtriert und mit K_2CO_3 gegen Lackmus neutralisiert. Die durch die Verdunstung eingetretene Volumabnahme glich ich durch Zugabe von destilliertem Wasser aus. Von den Mycelien wurden gleiche Gewichtsmengen eines Acetonpräparates verglichen.

a) Verlauf der Bildung des Trockengewichtes.

Tabelle XIV.

Verlauf der Bildung des Trockengewichtes.

Alter der Kultur Tage	Trockengewicht in g
2	0,135
4	0,301
6	0,515
8	0,490
10	0,440

Aus dieser Versuchsreihe geht hervor, daß das Trockengewicht nach einer Kulturdauer von 6 Tagen sein Maximum erreicht.

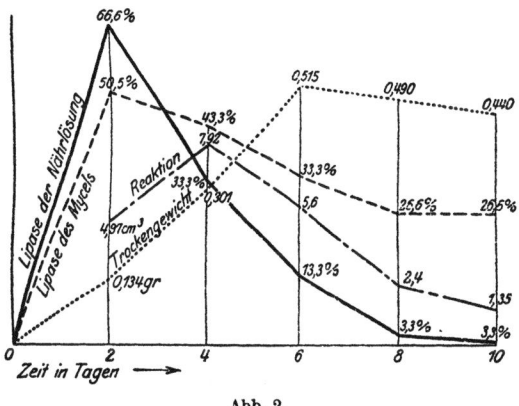

Abb. 2.

b) Verlauf der Acidität in der Nährlösung.

Die Resultate der Versuche über den zeitlichen Verlauf der Lipasebildung sind in Abb. 2 graphisch dargestellt. Diese enthält noch eine Kurve, die den Reaktionsverlauf in der Nährlösung während der Versuchsdauer zeigt.

Von 2 verschiedenen Kulturen wurden je 20 ccm der filtrierten Nährlösung genau abpipettiert, mit 3 Tropfen Phenolphthalein versetzt und unter Anwendung von $n/_{10}$-KOH titriert. Die Werte, nach denen die Kurve konstruiert ist, sind immer das Mittel aus 2 solchen Bestimmungen.

Tabelle XV.
Verlauf der Reaktion.

Alter der Kultur Tage	Verbrauch an $n/_{10}$-KOH in ccm
2	4,87
4	7,92
6	5,60
8	2,40
10	1,35

Die in Kolonne 2 von Tabelle XV enthaltenen Zahlen repräsentieren keine eigentlichen Acidität sbestimmungen, sondern nur Bestimmungen der freien Wasserstoffionen, wobei noch zu berücksichtigen ist, daß eventuell vorhandene, kolloid gelöste Stoffe, für die ja eine enorme Oberflächenentwicklung charakteristisch ist, die Kalilauge durch Adsorption festhalten können. Zudem ist ja in der Nährlösung Pepton vorhanden, das in seiner Eigenschaft als amphoterer Elektrolyt sowohl Säuren als auch Basen binden kann. Trotzdem schien mir eine Bestimmung des Reaktionsverlaufes angezeigt, weil wir durch sie in den Stand gesetzt werden, die Reaktionsverhältnisse zu überblicken, unter denen das Enzym während der Versuchsdauer steht.

c) Verlauf der Enzymbildung.

Enzymabscheidung in die Nährlösung.

Verwendet wurden 30 ccm der Kulturflüssigkeit, deren Volumen ich durch Zusatz von destilliertem Wasser stets auf 100 ccm hielt und dadurch den Verdunstungsverlust ausglich.

Zeit: 24 Stunden, Temp.: 40° C, 3 Tropfen Phenolphthalein.

Tabelle XVI.
α) Lipasebestimmungen in der Nährlösung.

Alter der Kultur Tage	Wirkung in % Mittel aus 2 Kulturen
2	94,0
4	33,3
6	16,6
8	3,3
10	0

Wie Tabelle XVI zeigt, erreicht der Lipasegehalt der Nährlösung schon nach 2 Tagen sein Maximum, fällt dann aber rasch und erreicht nach 10 Tagen den Wert Null.

β) Enzymbildung im Mycel.

0,1 g Acetondauerpräparat aus Material von 4 Kolben nach möglichst feiner Pulverisierung, 5 ccm 1 proz. Monobutyrin, Zeit: 24 Stunden, Temp.: 40° C.

Tabelle XVII.
Lipasegehalt des Mycels.

Alter der Kultur Tage	Wirkung in % Mittel aus 2 Bestimmungen
2	50,0
4	43,3
6	33,2
8	26,6
10	26,6

Also auch hier wird das Maximum der Lipasebildung schon am 2. Tage erreicht. Allerdings sinkt von diesem Zeitpunkt an der Gehalt nicht so rasch wie in der Nährlösung. Es liegen somit hier ähnliche Verhältnisse vor wie bei der von Went studierten Diastasebildung. Auch für die Lipase fallen die Maxima des Trockengewichtes und der Enzymbildung nicht zusammen, indem zuerst nach 2 Tagen die Enzymbildung das Maximum erreicht und das Trockengewicht erst nach 6 Tagen maximal wird. Der Lipasebildung im Mycel entspricht auch der Lipasegehalt der Nährlösung, es handelt sich also um ein Ektoenzym.

Die nach Erreichung des Maximums erfolgende Abnahme des Enzymgehaltes ist schwierig zu erklären. Went hält eine später eintretende Zerstörung des Enzyms für möglich.

Die oben angeführten Versuche erstrecken sich auf die Dauer von 10 Tagen. Es erhebt sich nun die Frage, wie sich der weitere Verlauf der Kurve gestaltet. Dieser wird wohl durch die Bildung von neuem Mycel stark beeinflußt, das durch Auskeimung der in der Kultur gebildeten Sporen entsteht. Dieser Vorgang wird sich in allerdings stets abnehmendem Maße immer wiederholen. Die Kurven, die alle mehr oder weniger vollkommene Horizontalrichtung angenommen haben, erleiden dadurch so lange kleine Ausschläge nach oben, bis für die Sporenkeimung keine günstigen Bedingungen mehr existieren. Diese Verhältnisse hat Went (1918) bei der Diastasebildung durch Aspergillus niger eingehend studiert und den Verlauf der Enzymbildung während 149 Tagen quantitativ verfolgt.

Spätere Versuche müssen zeigen, wie sich der Verlauf der Lipasebildung noch auf anderen Substraten gestaltet und von welchen Faktoren die Lage der verschiedenen Maxima abhängt.

III. Abhängigkeit der Lipasewirkung von äußern Faktoren.
1. Einfluß der Temperatur.
a) Hohe Temperaturen.

Zu den Versuchen über die Abhängigkeit der Lipasewirkung von äußeren Faktoren wurde Material verwendet, das aus Rohrzucker-Peptonkulturen stammt, welche 7 Tage bei 34° C gehalten worden waren.

Um den Einfluß hoher Temperaturen bzw. trockener und feuchter Hitze festzustellen, ließ ich solche in verschiedener Dauer auf das Enzym wirken.

Tabelle XVIII.

Wirkung trockener und feuchter Wärme.

Wirkungsdauer des Enzyms: 48 Stunden, Temp.: 31—32° C, 10 ccm 1 proz. Triacetin, 0,1 g Pulver.

Vorbehandlung	Wirkung in mg KOH
Keine Vorbehandlung	6,73
1 Stde. im Trockenschrank bei 100° erhitzt	3,59
2 Stdn. im Trockenschrank bei 100° erhitzt	1,96
5 Min. im Dampftopf (97°) erhitzt	0

Tabelle XVIII zeigt, daß ein 1 stündiges Erhitzen die Wirkung des Präparates nicht ganz aufhebt, sondern nur etwa auf die Hälfte reduziert; eine 2 stündige, gleichstarke Erwärmung setzt die Wirkung etwa auf ein Drittel herab. Das 5 Minuten lange Erhitzen im Dampfstrome hat dagegen eine vollständige Aufhebung der Aktivität zur Folge.

b) Mittlere Temperaturen.

0,2 g Pulver, 5 ccm 1 proz. Monobutyrin, Versuchsdauer 25 Stunden.

Tabelle XIX.

Einfluß mittlerer Temperaturen.

Temperatur °C	Verbrauch an mg KOH	%-Monobutyrin gespalten
20	6,40	36,6
30	7,29	43,3
40	12,06	71,6
50	10,09	60,0

Wir sehen aus diesem Versuche, daß bei 40° C die stärkste Esterspaltung eintritt.

Im folgenden Versuch mit neutralem Preßsaft einer gleichaltrigen Kultur wurde hauptsächlich die Wirkung der Temperaturen in der Nähe von 40° C untersucht.

Tabelle XX.
Wirkung der Temperaturen um 40° C.

Temperatur °C	%-Ester gespalten
21,5	13,3
35,0	20,0
40,0	23,3
44,5	13,3
52,0	6,6

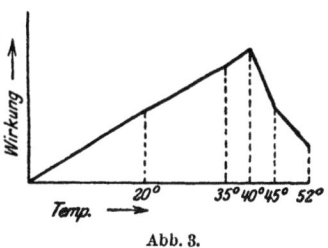

Abb. 3.

Beide Versuche zeigen, daß die Wirkung bis zu 40° C ansteigt und bei höherer Temperatur wieder abzunehmen beginnt. Rouge (1907, S. 660) stellte fest, daß die Lipase von Lactarius sanguifluus (Fres.) bei einer Temperatur von 45° C am stärksten wirkt, während die Optimaltemperatur für das Wachstum des Pilzes bei 25° C liegt; zwischen beiden Optima befindet sich somit das beträchtliche Intervall von 20° C.

Salmenlinna (1917), der die Entwicklung der Rasse β von Aspergillus niger bei verschiedenen Temperaturen studierte, fand, daß das ökologische Optimum, d. h. diejenige Temperatur, bei welcher unter gleichzeitig intensiver Sporenbildung das größte Trockengewicht in kürzester Zeit gebildet wird, bei 35—37° C liegt. Eigene Versuche, bei denen ich den Durchmesser der Kolonien auf Agarplatten, sowie die Sporenbildung als Kriterien für die Intensität des Wachstums benützte, ergaben, daß dieses bei 35° C am stärksten ist. Somit liegen bei Aspergillus niger die Optima für das Wachstum und für die Lipasewirkung nur 3—5° C auseinander, also lange nicht so weit auseinander wie bei Lactarius sanguifluus.

2. Einfluß der Enzymmenge.

Der Einfluß der Enzymmenge auf die Lipolyse wurde dadurch festgestellt, daß bei gleicher Estermenge und gleichen Versuchsbedingungen verschiedene Enzymmengen zur Wirkung kamen. 5 ccm 2,5 proz. Triacetin, Zeit 49 Stunden, Temp. 38° C.

Tabelle XXI.

Einfluß der Enzymmenge.

Pulvermenge g	Relative Enzym-konzentration	Verbrauch mg	KOH-Spaltung in %
0,05	1	15,14	15,8
0,10	2	24,12	25,2
0,20	4	30,29	31,7
0,30	6	40,39	42,3
0,40	8	44,88	47,0
0,50	10	49,36	51,7

Diese Versuchsserie zeigt, daß mit zunehmender Enzymkonzentration auch die Spaltung zunimmt. Doch besteht zwischen diesen beiden Größen keine Proportionalität.

Nach Schütz (1885) verläuft die Enzymwirkung proportional der Quadratwurzel aus der Enzymmenge. Die Formel für diesen Verlauf lautet: $U = x \cdot \sqrt[2]{E}$, wo U den Umsatz, E die Enzymmenge und x in diesem Beispiele die Estermenge bedeutet, die durch die Konzentration 1 des Enzyms gespalten wird. Die Konstante x hat hier den Wert 15,8.

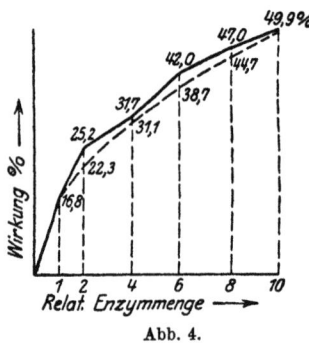

Abb. 4.

In Abb. 4 verbindet die obere Kurve die tatsächlich gefundenen Werte, während die untere die nach der Schützschen Regel berechneten darstellt. Die Abbildung zeigt, daß zwischen den theoretischen und den praktisch gefundenen Werten eine gute Übereinstimmung besteht.

3. Einfluß des Substrates.

a) Qualität des Substrates.

Durch einen früheren Versuch (S. 18) habe ich gezeigt, daß Aspergillus niger auf Triolein, Tripalmitin und Triacetin Wachstum zeigt, auf Monobutyrin und den Äthylestern der Butter-, Bernstein- und Benzoesäure dagegen nicht gedeiht.

Der folgende Versuch soll nun die Wirkung der von Aspergillus gebildeten Lipase auf verschiedene Ester zeigen und gleichzeitig feststellen, ob der Pilz auf oben genannten Stoffen darum nicht gedeiht, weil seine Lipase diese nicht zu hydrolysieren vermag.

Tabelle XXII.
Wirkung auf verschiedene Ester.

0,1 g Pulver, 10 ccm 1proz. Ester. Versuchsdauer: 48 Stunden, Temp.: 39° C.

Ester	Spaltung in %
Monobutyrin . .	45,1
Triacetin	28,5
Benzoesaur. Äthyl	0
Buttersaur. Äthyl	6

Tabelle XXII zeigt die gute Wirkung der Lipase auf Monobutyrin und Triacetin, während der Buttersäureäthylester nur schwach und das benzoesäure Äthyl überhaupt nicht gespalten wurde. Die Wirkung auf malonsaures bzw. bernsteinsaures Äthyl war in einem ähnlichen Versuche undeutlich. Außerdem wurde festgestellt, daß 0,05 g dieses Pulvers von 1 g Ricinusöl in $46^1/_2$ Stunden bei 39° C 9% spalteten. Diese geringe Wirkung muß wahrscheinlich darauf zurückgeführt werden, daß sich die Emulsion nicht lange hielt. Die Versuche zeigen, daß wir es bei Aspergillus niger mit einer echten Lipase zu tun haben, die hauptsächlich die Glyceride der Fettsäuren intensiv zu spalten vermag. Da der Pilz auf Glycerin gut gedeiht, ist wohl die Buttersäure für die Wachstumshemmung verantwortlich zu machen.

b) Quantität des Substrates.

Der Einfluß der Substratmenge auf den Verlauf der Esterspaltung kann dadurch klargestellt werden, daß gleichen Enzymmengen unter sonst gleichen Versuchsbedingungen verschiedene Estermengen geboten werden. Folgender Versuch gibt darüber näheren Aufschluß.

Tabelle XXIII.
Einfluß der Substratmenge.

0,1 g Pulver, Zeit: 44 Stunden, Temp.: 40° C, 1% Monobutyrin, konstantes Volumen: 10 ccm.

Relat. Estermenge	KOH-Verbrauch in mg	Spaltung in %
2	4,48	66,6
4	5,61	41,6
6	6,73	32,7
8	7,57	27,6
10	8,13	21,9

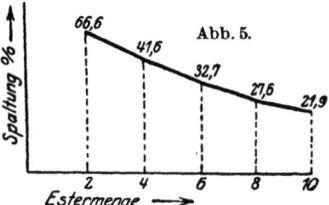

Abb. 5.

Diese Versuchsreihe zeigt, daß die Spaltung nicht proportional der Konzentration des Esters erfolgt, daß also der relative Umsatz um so größer ist, je niedriger die Konzentration des Esters, und umgekehrt.

4. Einfluß der Spaltprodukte.

Beim Studium des Einflusses der Spaltprodukte auf die Enzymtätigkeit untersuchte ich zuerst die Wirkung verschiedener Glycerinkonzentrationen.

Dabei wandte ich 0,1 g Enzympulver und 5 ccm 1 proz. Monobutyrin an. Durch Zugabe von destilliertem Wasser hielt ich das Volumen konstant bei 15 ccm. Versuchsdauer: 24 Stunden, Temp.: 40° C.

Tabelle XXIV.
Wirkung des Glycerins.

Glycerinmenge		Gespaltenes Monobutyrin
in ccm	in Vol.-Proz.	
0	0	30,2
2	13,3	25,0
4	26,6	22,3
6	40,0	19,7

Wir können dieser Versuchsreihe entnehmen, daß ein Zusatz von 13,3 vol.-proz. Glycerin auf die Esterspaltung bereits hemmend wirkt und daß die hemmende Wirkung mit zunehmender Glycerinkonzentration zunimmt. Wenn wir aber mit so geringen Estermengen arbeiten, wie dies in meinen Versuchen der Fall ist, so wird das bei der Fettspaltung freiwerdende Glycerin die Tätigkeit des Enzyms kaum zu beeinflussen vermögen.

Von den Säuren wurde die Essigsäure hinsichtlich ihrer Wirkung auf den Verlauf der Esterspaltung untersucht.

Ich ließ dabei 0,2 g Enzympulver auf eine Lösung von 1 proz. Triacetin in destilliertem Wasser oder in $n/_{10}$-, $n/_{100}$- und $n/_{1000}$-Essigsäure als Substrat einwirken. Versuchsdauer: $44^{1}/_{4}$ Stunden, Temp.: 34° C (Mikrobürette).

Tabelle XXV.
Wirkung verschiedener Essigsäuremengen.

1% Triacetin in 10 ccm	Esterspaltung in %
H_2O	11,5
$n/_{1000}$-Essigsäure .	11,5
$n/_{100}$-Essigsäure . .	10,7
$n/_{10}$-Essigsäure . .	8,4

Tabelle XXV zeigt, daß in einer $^n/_{10}$-Essigsäure die Spaltung deutlich gehemmt wird, während sie in einer $^n/_{100}$- bzw. $^n/_{1000}$-Essigsäure von derjenigen in Wasser nur schwach oder gar nicht abweicht.

In derselben Weise untersuchte ich auch die Wirkung der Oxalsäure und zwar hauptsächlich deshalb, weil diese ja von Aspergillus niger selbst gebildet wird.

Tabelle XXVI.
Wirkung verschiedener Oxalsäuremengen.

1% Monobutyrin in 5 ccm	Esterspaltung in %
H_2O	50,0
$^n/_{1000}$-Oxalsäure	30,0
$^n/_{100}$-Oxalsäure	26,6
$^n/_{10}$-Oxalsäure	5,0

Die Resultate dieser Versuchsreihe sind leicht verständlich, wenn man den Dissoziationsgrad der beiden verwendeten Säuren miteinander vergleicht. Nach Treadwell (1914, S. 13) ist die $^n/_{10}$-Oxalsäure zu 60% dissoziiert, die $^n/_{10}$-Essigsäure dagegen bloß zu 1,3%. Die viel stärker hemmende Wirkung höherer Oxalsäurekonzentrationen beruht also offenbar auf ihrem höheren Dissoziationsgrad.

5. Zeitl. Verlauf der Esterspaltung.

Um einen Einblick in den zeitlichen Verlauf der Esterspaltung zu gewinnen, setzte ich gleichzeitig zahlreiche Versuchsgemische unter genau denselben Bedingungen an und hielt sie während der Versuchsdauer unter genau gleichen äußeren Bedingungen.

Tabelle XXVII.
Zeitlicher Verlauf der Esterolyse.

0,2 g Pulver, 5 ccm 1proz. Monobutyrin. Temp.: 39° C.

Zeit in Std.	Spaltung in %
1	10,0
2	15,0
3	18,3
4	—
5	23,3

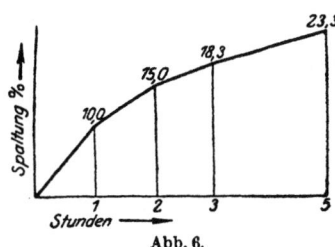

Abb. 6.

Aus diesen Versuchen geht hervor, daß die Esterspaltung bis zur 5. resp. 8. Stunde stetig ansteigt. Immerhin besteht kein Parallelismus zwischen Zeit und Enzymwirkung. Die Kurve nähert sich bald der Horizontalen, was zeigt, daß die Reaktion einem Gleichgewichtszustande zustrebt.

Ein weiterer, sich auf 8 Tage erstreckender Versuch lieferte dasselbe Kurvenbild.

Schlußbetrachtungen.

Der von mir untersuchte Stamm von Aspergillus niger hat die Fähigkeit, die Fette, welche in der freien Natur in den verschiedensten Substraten enthalten sind, auf enzymatischem Wege zu hydrolysieren und dadurch einen weiteren Abbau dieser Stoffe zu ermöglichen. Seine Lipasebildung befähigt ihn, auf organischen Medien mit Fetten als einziger organischer C-Quelle zu gedeihen und aus diesen seinen C-Bedarf zu decken. Da seine Temperaturkurven für Wachstum und Lipasebildung nahezu parallel verlaufen und dementsprechend auch die Temperaturoptima für beide Vorgänge nahe beisammen liegen, vermag Aspergillus niger gerade bei bestem Wachstum die Fette am besten zu spalten.

Bei Wachstum und Lipasewirkung von Aspergillus niger spielt die Reaktion des Substrates eine wichtige Rolle. Der untersuchte Pilz gehört bekanntlich zu denjenigen Organismen, die bei saurer Reaktion des Mediums bedeutend besser gedeihen als bei alkalischer. Meine Versuche haben nun ergeben, daß die Aspergilluslipase bei gegen Lackmus neutraler Reaktion bzw. schwach saurer Reaktion am stärksten wirkt, während sie bei alkalischer und stark saurer Reaktion in ihrer Wirkung bedeutend gehemmt wird. Vielleicht fallen auch hier die optimalen Bedingungen für Wachstum und Lipasewirkung zusammen, doch können darüber nur genaue Bestimmungen der für das Wachstum und Lipasewirkung optimalen Wasserstoffionenkonzentrationen Aufschluß geben, die ich nicht ausgeführt habe.

Aspergillus niger bildet auf zahlreichen, wesentlich verschiedenen Substraten Lipase, offenbar ganz allgemein dann, wenn die Bedingungen für den Pilz günstig sind. Eine bedeutende Steigerung der Enzymbildung tritt aber ein, sobald ein Medium Fette enthält, also diejenigen Stoffe, welche vom Enzym gespalten werden. Somit liegt bei Aspergillus niger nach Kylins (1914, S. 499) Ausdrucksweise quantitative Enzymregulation vor. Eine solche ist für verschiedene andere Enzyme dieses Pilzes schon früher nachgewiesen worden, nämlich durch Katz (1898) und durch Kylin (1914) für die Amylase, durch Grezes (1912) für die Maltase, Invertase, Inulase und das Emulsin.

Auf die Frage nach der Beeinflussung der Enzymbildung durch verschiedene organische Nährstoffe (Kohlenhydrate, Pepton usw.) kann für Aspergillus erst dann eine endgültige Antwort gegeben werden, wenn eine größere Zahl von Versuchen durchgeführt worden ist, wie dies Went (1918) für die Diastase getan hat.

Immerhin scheint aus meinen Versuchen (Tabellen XII, XIII) hervorzugehen, daß Rohrzucker, wahrscheinlich auch andere Kohlenhydrate, die Lipasebildung hemmen, während die N-Verbindungen (Pepton oder NH_4Cl) ohne wesentlichen Einfluß sind.

Die hemmende Wirkung von Rohrzucker und wahrscheinlich auch anderer Kohlenhydrate auf die Lipasebildung ist offenbar darauf zurückzuführen, daß die genannten Stoffe vom Pilze ohne Mitwirkung der Lipase direkt resorbiert werden können; eine Herabsetzung der Lipasebildung ist somit biologisch verständlich. Wahrscheinlich ist auch die Abnahme der Lipasebildung bei Zugabe von Glycerin ebenso zu erklären, indem auch hier die Lipasebildung eigentlich überflüssig ist.

Ob die bei der Spaltung der Fette entstehenden Fettsäuren, die ja dem Pilz auch als Nährstoffe dienen können, die Enzymbildung aus dem gleichen Grunde hemmen, kann vorläufig nicht entschieden werden, weil der Einfluß der Fettsäuren auf die Lipasebildung nicht eingehend untersucht worden ist.

Ebenso bleibt noch zu untersuchen, ob der die Enzymwirkung hemmende Einfluß der Fettsäuren nur auf der Wasserstoffionenkonzentration beruht, oder ob auch das Anion hemmend wirkt.

Die mit der Fettspaltung von Aspergillus niger stets verbundene Bildung von Oxalsäure steht mit der Lipasebildung in keinem engeren Zusammenhang, da dieser Pilz auch bei fettfreier Ernährung Oxalsäure bildet.

Zusammenfassung.

1. Der untersuchte Stamm von Aspergillus niger (Rasse β-Brenner) ist zur Fettspaltung befähigt. Er zeigt Wachstum auf Tripalmitin, Tristearin, Trioleïn; besonders gut gedeiht er auf Triacetin. Kein Wachstum tritt dagegen ein auf den Äthylestern der Buttersäure, der Malonsäure, der Bernsteinsäure und der Benzoesäure.

2. Auf Olivenöl, Ölsäure und Glycerin wird wie auf Rohrzucker Oxalsäure gebildet.

3. Die Fettspaltung wird durch eine in die Nährlösung abgeschiedene Lipase, somit durch ein Ektoenzym bewirkt, das jedoch auch in einem Wasserextrakt, in einem Glycerinextrakt (nach Rouge), im Preßsaft und in einem Acetondauerpräparat in wirksamer Form aus dem Mycel gewonnen werden kann. Aus einem Preßsafte konnte das Ferment mit Alkohol ausgefällt werden.

4. Auf fetthaltigen Medien wird am meisten Lipase gebildet, bedeutend mehr als auf solchen, die Rohrzucker oder Glycerin enthalten.

5. Für die Lipasebildung existiert ein Maximum, das mit dem Trockengewichtsmaximum nicht zusammenfällt, sondern vorher erreicht wird.

6. Das Enzym wird durch feuchte Hitze zerstört.

7. Das Temperaturoptimum für die Spaltung liegt bei 40° C.

8. Die Spaltung geht am besten in einem neutralen bzw. schwach sauren Medium vor sich.

9. Die Spaltung erfolgt bei zunehmender Enzymmenge ziemlich genau nach der Schützschen Regel.

10. Die relative Spaltung sinkt mit zunehmender Fermentkonzentration.

11. Außer verschiedenen Ölen und Fetten spaltet die Lipase auch Monobutyrin und Triacetin. Es liegt also eine echte Lipase vor.

Literatur.

Abderhalden, E., Handbuch der biochemischen Arbeitsmethoden. 1910. — Abderhalden und Pringsheim, H., diese Zeitschr. **65**, 180. 1910. — Bayliss, Die Wirkung der Enzyme. 1910. — Biffen, R. H., Annals of Botany **13**, 363. 1899. — Boas, Fr. und Leberle, H., diese

Zeitschr. **90**, 78; **92**, 170. 1918. — Braun, Ber. **36**, 3003. 1900. — Braun und Behrendt, ebenda **36**, 1142. 1900. — Brenner, W., Centralbl. f. Bakt. u. Parasitenk. II. Abt. **40**, 555. 1914. — Buchner und Hahn, Die Zymasegärung. 1903. — Buller, H. H. R., Annals of Botany **20**, 49. 1906. — Butkewitsch, W., Jahrb. f. wissensch. Botanik **38**. 1902. — Camus, L., Compt. rend. de la soc. de biol. **49**, 192, 193, 230. 1897; **55**, 4. 1903. — Carrière, G., ebenda **53**, 320. 1901. — Connstein, W., Hoyer, E., Wartenberg, H., Ber. **35**, 3988. 1902; Ergebn. d. Physiol. **3**, 194. 1904. — Czapek, Friedr., Biochemie der Pflanzen. 2. Aufl., Bd. I. Fischer, Jena 1913. — Deleano, N. F., diese Zeitschr. **17**, 225. 1909. — Dietz, H., **52**, 279. 1907. — Eijkmann, Centralbl. f. Bakt. u. Parasitenk. I. Abt. **39**, 841. 1904. — Elfving, Fredr., Oefversigt af Finska Vetenskaps-Societetens Förhandlingar **61**. 1918—1919. Afd. R. Nr. 15. — Garnier, Compt. rend. de la soc. de biol. **55**, 1490, 1583. 1903. — Grezes, G., Ann. de l'inst. Pasteur **26**. 1912. — Hanriot, M., Compt. rend. de la soc. de biol. **53**, 367 u. 369. 1901. — Hanŭs, J. und Stokў, A., Zeitschr. f. Unters. d. Nahr.- u. Genußm. **3**, 606. 1900. — Haselhoff, E. und Mach, F., Landw. Jahrbücher **35**, 445. 1906. — Holderer, M., Thèse Paris 1911; Compt. rend. **155**, 318. 1912. — Jalander, diese Zeitschr. **36**, 435. 1911. — Jensen, O., Centralbl. f. Bakt. u. Parasitenk. II. Abt. 8, 11. 1902. — Ivanow, Sergius, Ber. d. Deutsch. botan. Ges. **29**, 595. 1911. — Kanitz, A., Ber. **36**, 400. 1903. — Katz, Julius, Pringsheims Jahrbücher **31**, 599. 1898. — Kirchner, Osk., Ber. d. Deutsch. botan. Ges. **6**. 1888. — Knudson, L., Journ. of Biolog. Chem. **14**. 1913. — König, J., Spieckermann, H., Bremer, W., Zeitschr. f. Unters. d. Nahr.- u. Genußm. **4**, 721. 1901. — Kruse, Allgemeine Mikrobiologie. Leipzig 1910. — Küster, Kultur der Mikroorganismen. Teubner, Leipzig 1913, 2. Aufl. — Kylin, H., Jahrb. f. wissensch. Botanik **53**, 465. 1914. — Lafar, Handbuch der technischen Mykologie. Fischer, Jena 1907. — Lappalainen, H., Oefversigt af Vetenskap-Societetens Förhandlingar **62**. 1919—1920. Helsingfors. Afd. R. Nr. 1. — Laxa, O., Arch. f. Hyg. **41**, 119. 1902. — Löhnis, Handbuch der landwirtschaftlichen Bakteriologie. Bornträger, Berlin 1910. — Neumann, W., H. Ztschr. f. Physiol. Chemie **45**. 1905. — Ohta, K., diese Zeitschr. **31**, 177. 1911. — Oppenheimer, K., Die Fermente. 4. Aufl. 1913; Tigerstedts Handb. d. physiol. Methodik Bd. 2, 1. Hälfte, S. 45. 1911. — Paravicini, E., Annales Mycologici **16**, Nr. 3/6. 1918. — Pesthy, S., diese Zeitschr. **34**, 147. 1911. — Pfeffer, Physiologie Bd. I, S. 85. 1897. — Pringsheim, H., Die Variabilität niederer Organismen. 1910. Handbuch der biochemischen Arbeitsmethoden **2**, 197. 1910. — Pringsheim und Zemplén, Géza, diese Zeitschr. **62**, 367. 1909. — Rahn, O., Centralbl. f. Bakt. u. Parasitenk. II. Abt. **15**, 53 u. 432. 1906. — Rosell, Diss. Straßburg. 1901. — Roussy, A., Compt. rend. **149**, 482. 1909; **153**, 884. 1911. — Rouge, E., Centralbl. f. Bakt. u. Parasitenk. II. Abt. **18**, 587. 1907. — Saito, K., Wochenschr. f. Brauereiwesen **27**, 181. 1910. — Salmenlinna, S., Oefversigt af Finska Vetenskaps-Societetens Förhandlingar **59**. 1916—1917. Afd. R. Nr. 9. — Schindelmeiser, J., Apoth.-Ztg. 1909, S. 837. — Schnell, E., Centralbl. f. Bakt. u. Parasitenk. II. Abt. **35**, 1. 1912. — Schreiber, K., Arch. f. Hyg. **41/42**, 328; **45**, 295. 1902. — Söhngen, N. L., Academie te Amsterdam **191**, 698. 1910. — Terroine, E., diese Zeitschr. **22**, 404. 1910. — Thiele, R., Diss. Leipzig 1896. — van Tieghem, Ph., Bull. de la soc. bot. de France **27**, 353. 1881; **28**, 70 u. 137. 1882. — Treadwell, F. P., Kurzes Lehrbuch der analytischen Chemie. Deuticke, Leipzig 1914. — Vernon, H., Ergebn. d. Physiol. **9**, 147. 1910. — Wehmer, C., Botan. Ztg. **49**, 232. 1891. — Went, F. A. F. C., Pringsheims Jahrbücher **36**, 611. 1901. Separatabdr. aus Proceedings Vol. **21**, Nr. 4. 1918. — Wöltje, Wilh., Centralbl. f. Bakt. u. Parasitenk. II. Abt. 48, 97. 1918. — Zellner, J., Chemie der höheren Pilze. 1907; Monatshefte f. Chemie **32**, 1065. 1911.

Lebenslauf.

Am 30. Januar 1896 wurde ich, Robert Schenker, in Olten geboren als Sohn des Konstantin Schenker, Schlossers daselbst, und der Maria geb. Rötheli.

Nach Absolvierung der Primarschule (1903—1909) und der Sekundarschule (1909—1913) trat ich im Frühjahr 1913 in die Kantonsschule zu Aarau ein, woselbst ich am 2. Oktober 1915 das Reifezeugnis erhielt.

Vom Wintersemester 1915/16 bis zum Wintersemester 1920/21 war ich an der Universität Basel immatrikuliert. Während dieser Zeit hörte ich Vorlesungen und nahm an Übungen teil bei den Herren Professoren und Dozenten: Bally, Bassalik, Buxtorf, Fichter, Hagenbach, Ruggli, Rupe, Schüepp, Senn, Zickendraht, Zschokke.

Allen diesen Herren bin ich zu großem Dank verpflichtet.

MIX
Papier aus verantwortungsvollen Quellen
Paper from responsible sources
FSC® C105338

If you have any concerns about our products,
you can contact us on
ProductSafety@springernature.com

In case Publisher is established outside the EU,
the EU authorized representative is:
**Springer Nature Customer Service Center GmbH
Europaplatz 3, 69115 Heidelberg, Germany**

Printed by Libri Plureos GmbH
in Hamburg, Germany